Cupcake

杯子蛋糕
的美味盛典

The Grand Ceremony
Of Cupcakes

主　编：王　森

副主编：张婷婷

参　编：王启路　李怀松　顾碧青　韩　磊
　　　　朋福东　苏园园　乔金波　孙安廷
　　　　韩俊堂　武　文　成圳　杨　玲
　　　　武　磊

文字整理：陈玲华　孙奥军　栾绮伟

摄　影：刘力畅　王珠惠子

海峡出版发行集团 THE STRAITS PUBLISHING & DISTRIBUTING GROUP　福建科学技术出版社 FUJIAN SCIENCE & TECHNOLOGY PUBLISHING HOUSE

图书在版编目（CIP）数据

杯子蛋糕的美味盛典/王森主编.—福州：福建科学技术出版社，2017.4（2019.10重印）

ISBN 978-7-5335-5153-7

Ⅰ.①杯… Ⅱ.①王… Ⅲ.①蛋糕－糕点加工 Ⅳ.① TS213.2

中国版本图书馆 CIP 数据核字（2016）第 236216 号

书　　名	杯子蛋糕的美味盛典
主　　编	王森
出版发行	海峡出版发行集团
	福建科学技术出版社
社　　址	福州市东水路 76 号（邮编 350001）
网　　址	www.fjstp.com
经　　销	福建新华发行（集团）有限责任公司
印　　刷	福建彩色印刷有限公司
开　　本	787 毫米 ×1092 毫米　1/16
印　　张	8.5
图　　文	136 码
版　　次	2017 年 4 月第 1 版
印　　次	2019 年 10 月第 4 次印刷
书　　号	ISBN 978-7-5335-5153-7
定　　价	38.00 元

序

杯子蛋糕近年来日渐成为了甜品界的新宠，受到越来越多的关注，是流行的派对甜点。相比大蛋糕，杯子蛋糕更方便人们自由自在地取用享受。杯子蛋糕可以在表面做出可爱的造型，体现十足的创意，让人们在品尝美味的同时，也享受着一场视觉盛宴。

一款精致、美味的蛋糕，不仅让人垂涎，更让人觉得是一件艺术品。而杯子蛋糕的创作者，必须把浓浓的情感与强烈的艺术气息融为一体，内在里讲究质地、营养和口味，外在把握好造型、色彩、做工，并和特定的主题搭配，才能创作出令人惊叹的作品。

种类繁多的装饰物可以创造出各种各样丰富的造型和口感，在小巧的杯子蛋糕上碰撞出各种奇妙的火花。纸杯蛋糕表面裱上的一层奶油霜，就像是一块空白的画布，任由你发挥想象去创作：你可以用巧克力豆或者果汁软糖创作出各种图案，例如孩子的笑脸、心、鲜花；可以用各种新鲜水果搭配；用奶油霜裱花更是有许多的可能，无论是做花、植物或者动物的造型，还是搭配糖粒、糖果、淋酱等等，都能做出很棒的效果；食用色素能调出适合各个季节、时令的颜色，或清新美丽或深邃动人……蛋糕虽小，可创作的世界却很大！

那么还等什么呢？翻开此书，21款精心研发的口感超棒的蛋糕体，演变出60多款的口味和装饰变化。以思路启发技法，以技法承载思路，杯子蛋糕这一课，就这样拿下吧！

王森 西式糕点技术研发者，已从事西点技术研究20余年。他将西点技术最大化地运用到市场，并将西点提升到了可欣赏收藏的层次。他于2000年创立中国第一家西点专业学校——王森西点学校。

王森西点学校致力于传播西点技术，帮助更多人认识西点、寻找制作西点的乐趣，并从中获得幸福。至今已培养了数万名学员，学员来自亚洲各地。

目录
CONTENTS

准备篇

◎食材简介
◎器材简介
◎如何打造杯子蛋糕的颜值
◎装饰材料奶油霜的做法
◎翻糖蛋糕用材的做法

一、
食材简介

可食用色素（蔬果粉）

我们可以选择用一些天然含有色素的食品来充当着色剂，让蛋糕和糖霜的颜色变得鲜艳，同时又不影响健康。下面按照图中的顺序进行介绍。

⊙菠菜粉 外观呈疏松粉末状，有天然的菠菜味，速溶性好，不分层。成品应存放在阴凉、干燥、清洁、通风处。

⊙南瓜粉 南瓜肉的粉末。

⊙可可粉 可可饼脱脂粉碎之后形成的粉末。味甜，香味浓郁。

⊙抹茶粉 以遮阳茶做成的碾茶为原料，再经抹茶研磨机碾磨成的超威细粉。

⊙黄豆粉 大豆炒后去皮、磨制而成的粉末。

⊙黑芝麻粉 择取优质黑芝麻籽经过烘炒杀菌等工艺加工而成。

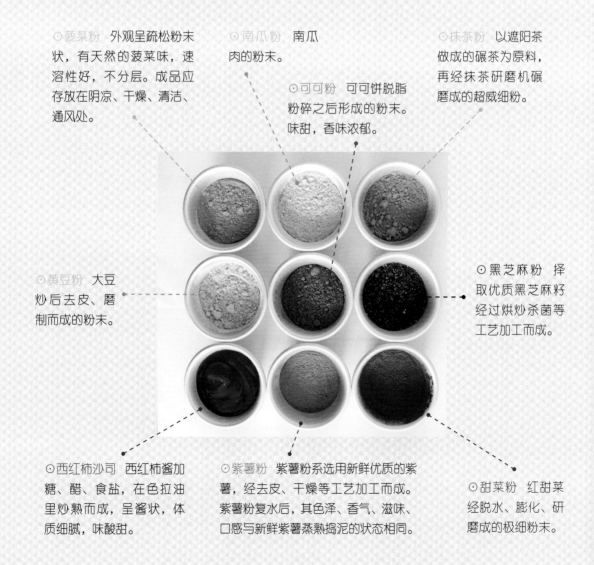

⊙西红柿沙司 西红柿酱加糖、醋、食盐，在色拉油里炒熟而成，呈酱状，体质细腻，味酸甜。

⊙紫薯粉 紫薯粉系选用新鲜优质的紫薯，经去皮、干燥等工艺加工而成。紫薯粉复水后，其色泽、香气、滋味、口感与新鲜紫薯蒸熟捣泥的状态相同。

⊙甜菜粉 红甜菜经脱水、膨化、研磨成的极细粉末。

低筋面粉

此类面粉中的蛋白质含量平均在 8.5% 左右，所以筋度比较弱，常用来做一些蛋糕和饼干等。如果找不到低筋面粉，可以用中筋面粉来代替。如果想使面粉筋度降低，可以稍微加点玉米淀粉。

苏打粉

作为食品制作过程中的膨松剂，可以使蛋糕逐渐地膨大。

白砂糖

主要用来调味，也可以在烘烤前撒在蛋糕表面起着色（焦糖色）的作用。

全麦粉

含有小麦麸皮的面粉，营养含量丰富，质地比较粗糙。

泡打粉

泡打粉是一种复合膨松剂，可使产品快速地疏松。

糖粉

颗粒非常细，呈粉末状。其中含有 3%~10% 的玉米淀粉，起到了防潮和防止结块的作用。糖粉可以用网筛过滤之后加入配方使用，也常直接筛到成品上作装饰。

赤砂糖

一般用来调制饮料或制作西点，不会影响其他材料的原味，且具有使糕点质地蓬松的效用。

蜂蜜

湿性糖的一种，加入到蛋糕中可以使其更为湿润，更加柔软。

黄油

在烘焙中又叫奶油霜，色泽偏黄，质地很细腻，闻起来有很香的味道。

鸡蛋

一颗鸡蛋大约55g重，其中蛋白质的含量在8g左右，加入到产品当中，使其营养更为丰富。

色拉油

由各种植物原油经脱胶、脱色、脱臭（脱脂）等工序精制而成。

竹炭粉

不可以直接食用，添加到蛋糕或者饼干中，可以改变产品的颜色。竹炭粉可以将人体中的有害物质吸收，排出体外。

杏仁粉

由杏仁研磨而成，营养丰富。

蜜红豆

红豆富含铁，添加到蛋糕里，既改变了蛋糕的口感，同时也增加了营养。

速溶咖啡粉

一般在各大商店都能买到，加入到产品中，可以改善产品的味道。

核桃仁

市售品一般是经过烘烤之后。在蛋糕制作的最后一步加入到面糊当中。

黑巧克力

巧克力相信大家都不会陌生，添加到蛋糕当中，使蛋糕更加具有特色。

杏仁片

由整粒的杏仁切成片状而成，常用于蛋糕表面的装饰。

葵花籽仁

葵花籽去壳而成，添加到产品之后可以改善其口味。

白兰地

由优质的葡萄经压榨、发酵、蒸馏而得，加入到西点中可使其风味更佳。

柠檬

一般都是取汁添加到面糊当中；也可以在打蛋白的时候加入几滴，可以稳定蛋白，使之不容易消泡。

朗姆酒

朗姆酒是用甘蔗压出来的糖汁，经过发酵、蒸馏而成，也称为糖酒、兰姆酒、蓝姆酒。与白兰地的作用一样，都是加入到产品当中进行调味。

浓缩柠檬汁

具有很强烈的柠檬味道，添加到产品当中可改善其风味，柠檬的味道还可以盖住鸡蛋的腥味，使其口感更佳。

一、
器材简介

五颜六色的纸衬

　　纸杯蛋糕通常都会装饰上纸衬，既好看又能防止蛋糕粘在烤盘上。

　　蛋糕的纸衬有很多种，最常见的是一类由薄的油纸做的，这种纸经过专门的处理，不容易被水浸透，也不容易和蛋糕粘在一起。除此之外，还有金属箔或者厚油纸制作的纸衬。

　　纸衬上通常会有图案或者各种色彩，你可以根据蛋糕的主题进行选择。

工具

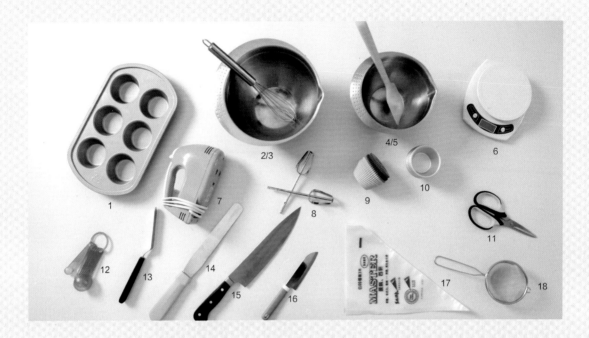

1. **六连模烤盘**：在烘烤蛋糕的时候用来固定纸托，可以使蛋糕更美观。

2. **搅拌球**：用于手动打发鸡蛋、蛋清制作成蛋白霜，搅拌奶油至乳化，或混合材料。

3. **搅拌盆（大）**：在配方分量相对比较大的情况下，就选用大的搅拌盆。搅拌盆应
   该方便耐用，并且能快速导热、方便降温，所以不锈钢的材质是最适合的。

4. **橡皮刮刀**：在制作面糊的时候，加入粉类材料后为了避免搅拌过度，会使用橡皮
   刮刀进行混合。从卫生角度来说，建议使用一体式的橡皮刮刀。

5. **打蛋盆（小）**：在配方分量比较小的情况下就用小的搅拌盆来搅拌面团。

6. **电子秤**：一般情况下，家庭制作的蛋糕分量比较小，各种材料的用料也比较少，
   建议用精确到1g的电子秤来称量。

7. **电动打蛋器**：用于快速、省力地将鸡蛋或者黄油打发。

8. **爪型打蛋球**：装在电动打蛋器上，特别适用于制作蛋白霜。

9. **纸衬**：也叫纸托、纸杯，面糊需要注入其中进行烘烤。

10. **不锈钢杯托**：用于在烘烤蛋糕的时候限制其底部的膨胀。

11. **剪刀**：一般用于裱花袋的剪口。

12. **量勺**：用来称量比较小的材料，也可以用来舀起材料。

13. **曲抹刀（小）：** 在做小的蛋糕装饰的时候用，操作起来比较方便。

14. **八寸抹刀：** 用于在大蛋糕上涂抹奶油（杯子蛋糕用不到）。

15. **牛角刀：** 用于切比较大的水果、坚果，也用于将大蛋糕切块。

16. **水果刀：** 顾名思义，就是用来切水果的。

17. **裱花袋：** 一次性的塑料裱花袋，比较方便，卫生，用于挤花、入模等等。

18. **小网筛：** 用于粉类材料的过筛或者液体的过滤。

裱花嘴

裱花嘴是蛋糕造型的利器，造就了奶油霜的外形特征。

专业的裱花嘴是成套的，有几十种，各有编号。这里仅列出书中作品用到的各种裱花嘴。

中、小号锯齿花嘴

中、小号密齿花嘴

中、小号圆花嘴

大、小号直花嘴

睡莲花嘴

菊花嘴

三、
如何打造杯子蛋糕的颜值

给杯子蛋糕作装饰的方法很多，可以从颜色、造型、事件主题等方面下工夫。

杯子蛋糕纸托的选择很重要。通常来说，选择纯色的最为保险，既简单百搭，又不会和装饰抢风头而喧宾夺主。

以下几种方式可以使杯子蛋糕的设计更加独特。

奶油霜装饰

奶油霜是这几年非常流行的一种装饰，不仅看起来质感诱人，更能丰富杯子蛋糕本身的口感，使之吃起来层次分明，口感香甜、顺滑、细腻。

巧克力装饰

巧克力卷　可以直接使用固态的巧克力制作装饰，常见的形式就是巧克力卷，其做法是：取一块巧克力板，将其放置在小盘中，用工具刮出长条光滑的卷。可以用抹刀、勺子、削皮器、刮丝器或者小刀来刮，不同工具可产生不同的大小和形状。材料上，选择牛奶巧克力板制作会比较容易，因为其质地较柔软。巧克力卷一次可以多做一些，放置在密封的容器中，视室温情况采用室温或者冷藏保存，使用时取出即可。

熔化装饰　可以将巧克力加热熔化，直接浇淋在杯子蛋糕的表面，这不失为一种简单大方的装饰方式；也可以将熔化的巧克力装入裱花袋中，在大理石台上挤出想要的图案或形状，待冷却凝固后取用，装饰在杯子蛋糕上。

值得一提的是：对于熔化装饰，如果原料是代脂巧克力，直接熔化即可；如果原料是纯脂巧克力，须先对巧克力进行调温，目的是控制其中晶体的形成，获得清脆、丝滑的口感和富有光泽的外表。巧克力调温的做法大体是：将巧克力熔化，涂刮在预热成26℃左右的大理石板上，至降温成浓稠状后，再铲回加热器再次熔化。

糖果装饰

糖果装饰是另一种很棒的方法，可以增加杯子蛋糕的风味，又美化视觉，甚至可以用不同的糖果创造一个主题，或者讲述一个季节性的故事。

使用糖果装饰的时候，一定要确保它不会被糖霜里面的油所影响——有一些糖果，尤其是硬质糖果或者是彩色糖衣糖果遇到油会融化。如果是这种情况，就不能提前将糖果装饰在上面，在食用之前再做装饰也来得及。

糖果中有一些时令糖果如拐杖糖、锥形糖、爱心糖，可以给杯子蛋糕增添时令的元素。例如，用糖霜先在杯子蛋糕上挤个漩涡，再撒上一些碎的拐杖糖，就是一道圣诞节的甜点。另外，将硬质糖果装饰在杯子蛋糕上，不仅看上去很有趣，也能突出鲜明的色彩。这些装饰尤其适合孩子们的派对。

新鲜水果装饰

也许没有什么能像新鲜水果一样，能够在杯子蛋糕上讲述一个个美味的故事了。

使用水果的时候，确保它们已经洗净并且擦干水，不要让任何水或者果汁将糖霜稀释溶化。

一定要选择一串水果中最好看的来作装饰，不要使用那些有伤、有斑的水果。

借助道具装饰

除了以上几种很实用的杯子蛋糕装饰方法，小道具也可以锦上添花。例如，各式各样的小插牌如果搭配得当不仅可以紧扣主题，更是一道独一无二的风景。

选取小道具的时候，一定要确保卫生安全。

四、
装饰材料奶油霜的做法

　　很多有表面装饰的杯子蛋糕主要采用奶油霜造型，或在奶油霜的基础上再添加其他物。如果直接使用奶油，则太软，无法定型。

　　奶油霜由黄油加工而来，黄油就是奶油的一种，属于动物性鲜奶油，它比植物性奶油健康，不含反式脂肪酸。奶油霜在制作中还加了糖等材料，因此味道也很好。

　　奶油霜做好后，应尽快使用和吃掉，否则应该放在冷藏（不低于 0℃）中。

材料

黄油 / 100g　　　细砂糖 / 70g
牛奶 / 80g　　　　柠檬汁 / 15g
朗姆酒 / 15g　　　蛋黄 / 2 个

做法

1　将黄油倒进缸盆中，用打蛋器打发，备用。
2　另取深锅，加入牛奶，加入细砂糖、蛋黄，用打蛋球搅拌均匀之后用小火慢慢加热至稠状。
3　将上一步成品倒入步骤 1 成品中，搅拌均匀。
4　加入柠檬汁搅拌均匀。
5　最后加入朗姆酒，继续用打蛋器搅打，至光滑细腻就可以了。

提示：
奶油霜可以调成不同的颜色使用，调色时，用原色＋可食用色膏或色粉（如前面介绍的蔬果粉）混合调匀即可。
原色的奶油霜是淡黄色的，因此，白色的奶油霜是添加白色膏调成的。

五、
翻糖蛋糕用材的做法

翻糖膏

翻糖膏配方中常用的材料及其作用

1. 糖粉：主要材料。常见有太古和 CH 两个牌子。太古糖粉分为红标、蓝标，红标做出来的翻糖更加细腻；CH 糖粉做出来的则比太古糖粉做出来的更细腻，口感更佳。

2. 糖浆：提高甜度，以及粘结糖粉。

3. 明胶：起凝固作用，并提高弹性。有粉、片、颗粒形式，都可以用。

4. 增稠剂：对整体配方起增稠作用。具体品种有 CMC（羧甲基纤维素）、泰勒粉，后者效果强一些，不过价格也高。

5. 食用冷水：起融合作用。

6. 蛋白粉：起膨胀和黏稠作用。

7. 白油：提高细腻度，并使材料不粘手。

8. 柠檬汁或白醋：调节口味，去腥，增白。

配方

糖粉 / 900g
明胶 / 9g
食用冷水 / 57 ~ 60g
葡萄糖浆 / 168g
CMC 或泰勒粉 / 10g
白油 / 20~25g
柠檬汁或白醋 / 适量

做法

1. 将所需材料称好。糖粉过筛，把 CMC 或泰勒粉加入拌匀。

2. 用食用冷水泡明胶，将其软化。能多泡几分钟最好。

3. 将水泡明胶隔水加热至完全融化、无颗粒。

4. 将葡萄糖浆加入，继续融化。

5. 将融化好的糖浆加入步骤 1 成品中，边加入边搅拌。（加入时糖浆温度：夏天不高于 45℃，冬天不低于 60℃。因为夏天温度高，如果糖浆温度也高的话，糖粉融化过快，会导致翻糖膏较稀稠，不易操作；冬天温度低，如果糖浆温度也低的话，会使糖体不易凝结在一起，导致翻糖膏比较干燥，不易操作。）

6. 向搅拌至浓稠状的糖体中加入适量的柠檬汁或者白醋，再揉至均匀。

7. 再加入适量的白油，揉至均匀，使翻糖更细腻且不粘手，而后装入密封袋密封保存。

蛋白膏

蛋白膏也称为蛋白糖霜、糖霜，主要用于蛋糕的裱花，比鲜奶油花坚固，保存时间长。

蛋白膏根据软硬状态的不同，大致可以分为以下三种性质的，而彼此之间又可以通过配方的改变来转换。

硬性：蛋白膏流动性差，操作过后不会变形，呈现立体状，适合做吊线。可加水调制变稀。

软性：蛋白膏流动性强，容易变形。可加糖粉变浓稠。

中性：操作过后可以缓慢定形。适合用于姜饼屋的装饰。

配方（硬性）

食用冷水 / 100g
蛋白粉 / 50 ~ 60g
糖粉 / 500g
柠檬汁 / 适量

做法

1. 将冷水倒入蛋白粉，拌匀，静置一段时间进行泡制。泡制一两个小时或更久，则蛋白膏会比较好用。
2. 将泡好的蛋白粉倒入打蛋器中。（如存在过大的蛋白粉颗粒，须过筛。）
3. 打发至硬性发泡。
4. 分次加入已过筛的糖粉，搅拌均匀。糖粉用量根据自己需要的蛋白膏稀稠度可调整。（加入糖粉时先用打蛋器慢速搅拌均匀，再快速搅拌，一开始搅拌太快容易将糖粉溅出来。）
5. 加入适量柠檬汁调节口味。

食用胶水

　　将翻糖和翻糖进行粘接时，使用水就可以，水可以将连接处溶解，而后凝固。但这种粘接不太牢固。

　　使用食用胶水可以更可靠地粘接翻糖以及蛋白膏等各种材料。

　　市面上可以买到食用胶水成品，如糯米胶。自己也可以制作：取 CMC 粉或者泰勒粉，加少量水调匀即可。

蛋糕体篇

◎ 颜值和口味俱佳的蛋糕体
◎ 在装饰篇中搭配使用的蛋糕体

咖啡核桃巧心蛋糕

黄油 / 50g   细砂糖 / 50g

鸡蛋 / 1 个   低筋面粉 / 100g

泡打粉 / 1g   苏打粉 / 1g

盐 / 1g   咖啡粉 / 10g

牛奶 / 70g   核桃仁 / 17g

耐烘烤巧克力豆 / 50g

做法

1. 将牛奶倒入锅里，用中火煮沸。

2. 咖啡粉倒进煮沸的牛奶中，煮 5 到 8 秒离火待凉，这样咖啡的香味可以充分发挥出来，又不会过度挥发。

3. 把软化好的黄油和细砂糖倒入一个钢盆里，用搅拌器打发至刚发白。

4. 分 3 到 5 次把鸡蛋加进去，每次加入后经充分搅拌均匀再加另一次，因为鸡蛋中含有水分，水和油是不容易融合到一起的，所以要少量多次地往里加。

5. 用小的网筛把低筋面粉、泡打粉、盐、苏打粉筛进去，用橡皮刮刀拌匀。

6. 用细的网筛把煮好的咖啡牛奶过筛加入到面糊中，搅拌均匀。

7. 继续把耐烘烤巧克力豆加进去搅拌均匀。

8. 将面糊通过裱花袋挤在杯子里，至八九分满，顶上放核桃仁。

9. 入炉以上火 190℃ / 下火 150℃烘烤，约 28 分钟出炉，出炉之后放在网架上待凉，最后在表面筛上糖粉。

提示:

1. 黄油要提前软化到膏状。

2. 核桃仁要选用生的，因为还会进炉烘烤。

蓝莓马芬杯子蛋糕

材料

黄油 / 60g   细砂糖 / 50g
鸡蛋 / 1 个   低筋面粉 / 130g
泡打粉 / 1.5g   苏打粉 / 1g
盐 / 1g   牛奶 / 60g
新鲜蓝莓 / 130g   葵花籽仁 / 30g

做法

1. 将软化好的黄油和细砂糖倒入一个钢盆里，用搅拌器打发至刚发白。
2. 分 3 到 5 次把鸡蛋加进去，每次加入后经充分搅拌均匀再加另一次。
3. 再加入已筛好的低筋面粉、泡打粉、盐、苏打粉，继续搅拌均匀。
4. 再倒入牛奶，搅拌均匀。
5. 再加入新鲜蓝莓，用橡皮刮刀轻轻拌匀即可。
6. 将面糊用裱花袋挤到杯子里至八九分满，再把葵花籽仁撒在表面。
7. 入炉以上火 180℃ / 下火 150℃烘烤约 30 分钟出炉，放在网架上待凉。

提示：
1. 黄油要提前软化到膏状。
2. 葵花籽仁要选用生的，因为还会进炉烘烤。

抹茶红豆马芬蛋糕

材料

黄油 / 60g
抹茶粉 / 20g
低筋面粉 / 140g
牛奶 / 55g

细砂糖 / 50g
鸡蛋 / 1 个
泡打粉 / 3g
蜜红豆 / 100g

做法

1. 将软化好的黄油和细砂糖倒入一个钢盆里，用搅拌器打发至刚发白。
2. 加入抹茶粉搅拌均匀。
3. 分 3 到 5 次把鸡蛋加进去，每次加入后经充分搅拌均匀再加另一次。
4. 加入低筋面粉、泡打粉，用打蛋器搅拌均匀。
5. 加入牛奶，搅拌均匀。
6. 加入 80g 蜜红豆，搅拌均匀。
7. 将面糊用裱花袋挤到杯子里至八九分满，再把剩余的 20g 蜜红豆点缀在表面。
8. 入炉以上火 190℃ / 下火 150℃烘烤约 28 分钟出炉。
9. 将蛋糕放在网架上待凉冷却后，在表面筛上一层薄薄的糖粉。

提示：

1. 粉类材料需要提前过筛。
2. 黄油要提前软化到膏状。
3. 配方中的鸡蛋先用打蛋球打散，方便往面糊中加。

柠檬奶酥蛋糕

奶酥粒材料

黄油 / 50g
细砂糖 / 50g
杏仁粉 / 45g
低筋面粉 / 55g
盐 / 1g

奶酥粒做法

1. 将黄油、细砂糖、盐倒入一个盆里，用橡皮刮刀拌匀。
2. 加入杏仁粉和低筋面粉，拌成团，包上保鲜膜放入冰箱冷冻。面团冻硬之后用切面刀切成小碎粒就可以使用了。

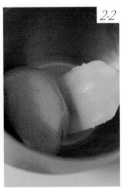

提示：
奶酥粒尽量等到使用时再从冰箱里拿出来，防止软化。

整体材料（除奶酥粒外）

黄油 / 60g   细砂糖 / 80g

鸡蛋 / 1 个   柠檬汁 / 20g

柠檬皮 / 10g   低筋面粉 / 100g

苏打粉 / 1g   泡打粉 / 1g

盐 / 1g   牛奶：60g

整体做法

1. 将软化好的黄油和细砂糖倒入一个钢盆里，用搅拌器打发至刚发白。
2. 分3到5次把鸡蛋加进去，每次加入后经充分搅拌均匀再加另一次。
3. 加入柠檬汁搅拌均匀。
4. 再加入柠檬皮搅拌均匀。
5. 倒入低筋面粉、泡打粉、盐、苏打粉，继续搅拌均匀。
6. 倒入牛奶，拌匀。
7. 将面糊用裱花袋挤到杯子里至八九分满，再把奶酥粒从冰箱里拿出来撒在表面。
8. 入炉以上火 180℃ / 下火 150℃烘烤约 30 分钟出炉，放在网架上待凉。

提示：

1. 粉类材料要提前过筛。
2. 黄油要提前软化到膏状。

苹果肉桂蛋糕

奶酥粒的材料与做法

见柠檬奶酥蛋糕中的介绍。

糖汁苹果做法

1. 将黄油放进锅中，用小火融化。
2. 加入红糖慢慢搅拌，至与黄油融合在一起。
3. 把切好的苹果丁倒入，拌匀，离火待凉。

整体材料（除奶酥粒外）

黄油 / 65g	细砂糖 / 50g
鸡蛋 / 1 个	低筋面粉 / 130g
泡打粉 / 1.5g	苏打粉 / 1g
肉桂粉 / 2g	盐 / 1g
牛奶 / 60g	苹果 / 180g
黄油 / 10g	红糖 / 20g

整体做法

1. 将软化好的黄油、盐、细砂糖倒入一个钢盆里，用搅拌器打发到刚发白。

2. 分 3 到 5 次把鸡蛋加进去，每次加入后经充分搅拌均匀再加另一次。

3. 加入肉桂粉搅拌均匀。

4. 加入泡打粉和苏打粉搅拌均匀。

5. 倒入低筋面粉，继续搅拌均匀。

6. 倒入牛奶，搅拌均匀。

7. 将拌好的糖汁苹果倒入，用橡皮刮刀搅拌均匀。

8. 将面糊装入裱花袋，挤到杯子里至八九分满，再把奶酥粒从冰箱里拿出来撒在表面。

9. 入炉以上火 180℃ / 下火 150℃烘烤约 30 分钟，出炉之后放在网架上待凉。

提示:

1. 粉类材料要提前过筛。

2. 黄油要提前软化到膏状。

3. 装入面糊的裱花袋剪口大一点，避免大颗的苹果粒挤不出来。

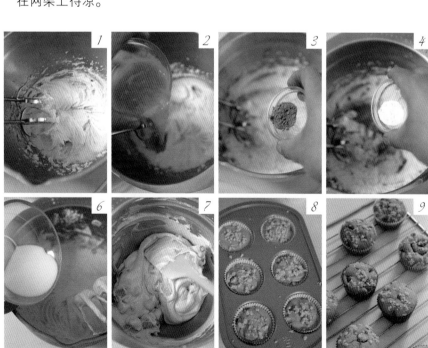

红茶小蛋糕

材料

蛋清 / 75g
转化糖 / 7.25g
高筋面粉 / 16.5g
泡打粉 / 0.5g
黄油 / 150g

细砂糖 / 75g
低筋面粉 / 16.5g
杏仁粉 / 30.5g
红茶粉 / 3.5g

做法

1. 将过筛好的低筋面粉、高筋面粉、杏仁粉、泡打粉、红茶粉混合到一起备用。
2. 将黄油融化，待凉至 37℃备用。
3. 蛋清和细砂糖、转化糖一起打发，至鸟嘴状。
4. 慢慢向上一步的桶中倒入步骤 1 成品，边倒入边搅拌均匀。
5. 取适量的上一步的面糊和融化的黄油拌匀，再倒回面糊桶中拌匀。
6. 装入裱花袋。
7. 挤到杯子中，入炉以 170℃烘烤 25 分钟。

红枣燕麦

材料

黄油 / 100g	绵白糖 / 80g
全蛋 / 1 个	蛋黄 / 30g
低筋面粉 / 64g	杏仁粉 / 30g
朗姆酒 / 15g	燕麦 / 50g
红枣 / 45g	

做法

1. 将燕麦倒进锅中加入温水（水量只要能盖住燕麦即可），稍微煮一下。
2. 将燕麦倒在网筛中，滤干水分，然后倒在烤盘上，进炉烘 3 分钟，让表面的水分挥发。
3. 将燕麦倒进小碗中，倒入朗姆酒，浸泡备用。
4. 将黄油和绵白糖一起拌匀打发。
5. 分次加入蛋黄和蛋液的混合物，充分拌匀。
6. 再加入过筛好的粉类材料拌匀，但不必搅拌得太均匀，留有一点干粉也没关系。
7. 加入红枣干和浸泡好的燕麦（燕麦留一点不加入），充分拌匀。
8. 装入裱花袋，挤到杯子中八分满，再在表面撒上没有加完的燕麦片，入炉以 170℃烘烤 28 分钟即可。

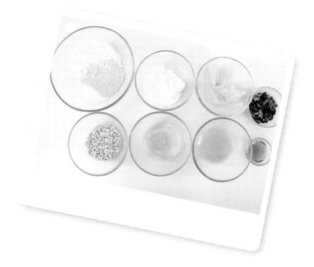

焦糖栗子

细砂糖 / 100g
鲜奶油 / 50g
白兰地 / 8g

■ 焦糖做法 ▶

　　把锅烧热，加入配方中砂糖的量的一半，待其完全融化，再加入剩余的砂糖的量的一半，再待其完全融化，之后加入剩余的所有砂糖，完全融化之后，焦化过程就完成了。再分次将鲜奶油和白兰地加入搅拌均匀即可。

黄油 / 175g　　　细砂糖 / 165g
全蛋 / 134g　　　焦糖 / 109g
低筋面粉 / 157g　　泡打粉 / 2.2g
糖渍栗子 / 131g

整体做法

1. 将黄油软化后倒入碗中，加入细砂糖，慢速拌匀，以不让黄油被打发。
2. 加入焦糖液，充分拌匀。
3. 加热全蛋液，分三次与黄油和细砂糖拌匀。
4. 加入过筛好的低筋面粉和泡打粉，拌至碗边略有干粉的状态。
5. 加入切好的糖渍栗子，充分拌匀。
6. 装入裱花袋，挤入杯中八分满，入炉以 170℃烘烤 30 分钟（烘烤的时间要根据杯子的大小来决定）。

芥末肉松

肉松材料

肉松 / 300g   全蛋液 / 30g
色拉油 / 30g   芥末酱 / 20g

肉松做法

将所有材料混合拌匀即可。

  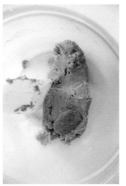

整体材料（除肉松外）

低筋面粉 / 140g 　鸡蛋 / 2 个
牛奶 / 35g 　　　色拉油 / 30g
细盐 / 2g 　　　　泡打粉 / 6g
胡椒粉 / 4g

整体做法

1. 向鸡蛋中加入牛奶、色拉油、胡椒粉，拌匀。
2. 继续加入过筛好的粉类材料，充分拌匀。
3. 向杯子中挤入面糊至四分满，然后放进 25g 肉松，再挤上面糊至杯内九分满。
4. 入炉以 170℃烘烤 28 分钟即可。

茄汁小蛋糕

材料

无盐黄油 / 85g   绵白糖 / 77g
鸡蛋 / 1 个   低筋面粉 / 75g
切片红番茄 / 40g   番茄酱 / 35g

做法

1. 将软化好的无盐黄油、绵白糖倒在碗中，打至微发。
2. 加入一半的蛋液，充分搅拌均匀。
3. 加入过筛好的粉类材料，继续搅拌至无干粉状。
4. 再加入剩余的蛋液，充分拌匀。
5. 再倒入番茄酱和新鲜番茄（留下几片）拌匀。
6. 将面糊挤进杯子中，把留下的番茄片摆在顶部，入炉
   以 170℃烘烤 28 分钟即可。

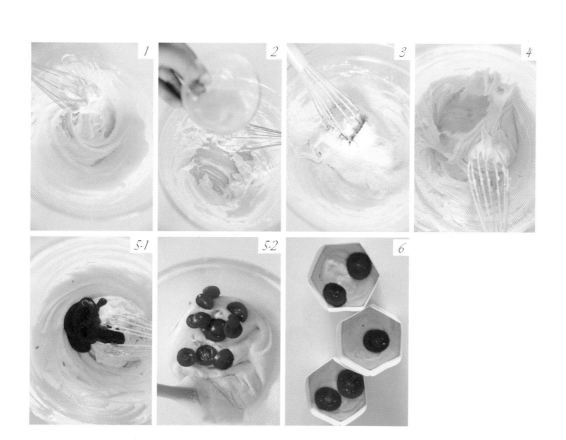

香橙蛋糕

糖渍香橙材料

香橙 / 1 个（约 270g）
砂糖 / 80g
蜂蜜 / 30g
水 / 适量

糖渍香橙做法

1. 香橙切成 8 块，倒入锅中，再倒入砂糖、蜂蜜和适量的水（只要能盖住香橙即可）。
2. 中火煮沸之后调小火，将香橙煮烂。
3. 倒进网筛中过滤掉其中的水分。
4. 倒进料理机中打成泥即可。

整体材料

杏仁粉 / 133g   糖粉 / 80g

蛋白 / 56g   全蛋 / 133g

低筋面粉 / 27g   发酵黄油 / 67g

糖渍香橙 / 100g   君度甜酒 / 20g

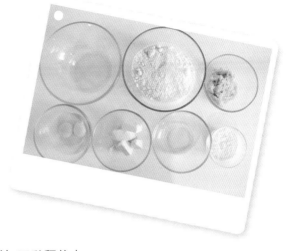

整体做法

1. 将杏仁粉和糖粉混合过筛后倒进打蛋桶中。

2. 将蛋白和全蛋混合，继续加到桶中，中速搅打至黏稠状态。

3. 将糖渍香橙和君度甜酒混合备用。

4. 黄油融化成液态（37℃），倒进步骤 2 成品中拌匀。

5. 再加入过筛好的低筋面粉，拌匀。

6. 再加入步骤 3 成品拌匀。

7. 将面糊装入裱花袋，挤进杯子中，入炉以 170℃烘烤 28 分钟。

香浓巧克力

材料

苦甜巧克力 / 100g   无盐黄油 / 67g
细砂糖 / 34g   转化糖 / 17g
全蛋 / 120g   低筋面粉 / 44g
杏仁粉 / 20g   泡打粉 / 1g
巧克力豆 / 34g

做法

1. 将苦甜巧克力和无盐黄油放在一起隔水融化，水温不要超过50℃，融化好之后的温度要保持在36℃。
2. 加入细砂糖和转化糖拌匀。
3. 蛋液隔水加热至室温，倒一半到上一步成品中，从中心开始搅拌，出现光泽后慢慢地扩散搅拌到边缘；剩下的蛋液再分两次加入拌匀。
4. 一次性加入低筋面粉、杏仁粉、泡打粉，慢慢地搅拌，尽量不要出现颗粒。
5. 倒入巧克力豆拌匀。
6. 将面糊挤进杯子中至八分满，入炉以170℃烘烤约35分钟。

二、
在装饰篇中搭配使用的蛋糕体

赤糖戚风蛋糕

材料

色拉油 / 48g	牛奶 / 62g
蛋黄 / 4 个	蛋白 / 4 个
赤糖 / 65g	低筋面粉 / 96g

做法

1. 将色拉油倒进一个大盆中，加入牛奶搅拌均匀，再加入蛋黄搅拌均匀。

2. 加入过筛好的低筋面粉，充分搅拌均匀，制成面糊，备用。

3. 将蛋白倒入容器中，然后加入赤糖，用电动搅拌器以中快速打至中性发泡，制成蛋白霜。

4. 取三分之一的蛋白霜加入面糊中拌匀，然后将拌匀的面糊倒回剩余的蛋白霜中，用刮板充分搅拌均匀。

5. 将面糊通过裱花袋挤入杯子中约 8 分满，以上火 180℃ / 下火 150℃烘烤 25 分钟左右。

抹茶马芬蛋糕

材料

黄油 / 90g   抹茶粉 / 90g
绵白糖 / 70g   蛋黄 / 2 个
低筋面粉 / 100g   牛奶 / 90g

做法

1. 将软化好的黄油、绵白糖放入容器中，用电动打蛋器以中速搅拌至质地细滑、略微发白。
2. 加入蛋黄，充分搅拌均匀。
3. 分次加入牛奶，搅拌均匀。
4. 加入过筛好的低筋面粉和抹茶粉，充分搅拌均匀制作成蛋糕面糊。
5. 将面糊用裱花袋挤到杯子里至八九分满，放入预热至上火 180℃ / 下火 150℃的烤箱中烘烤 30 到 35 分钟。

紫薯奶油蛋糕

材料

黄油 / 90g	绵白糖 / 80g
鸡蛋 / 1 个	牛奶 / 90g
紫薯粉 / 20g	低筋面粉 / 100g

做法

1. 将软化好的黄油、绵白糖放入容器中，用电动打蛋器以中速搅拌至质地细滑、略微发白。
2. 加入紫薯粉，充分搅拌均匀。
3. 分次加入鸡蛋，搅拌均匀。
4. 加入过筛好的低筋面粉和抹茶粉，充分搅拌均匀。
5. 分次加入牛奶，充分搅拌均匀。
6. 将面糊通过裱花袋挤到杯子中至八分满，放入预热至上火 180℃ / 下火 150℃的烤箱中烘烤 30 到 35 分钟。

奶香椰丝蛋糕

材料

细砂糖 / 45g　　黄油 / 50g
鸡蛋 / 1 个　　　椰蓉 / 50g
低筋面粉 / 100g　椰浆 / 70g

做法

1. 将黄油、细砂糖放置钢盆中打发。
2. 将鸡蛋分 3 次加入打好的黄油中，充分搅拌均匀。
3. 加入已过筛的低筋面粉搅拌均匀。
4. 加入椰浆充分搅拌均匀。
5. 将面糊装入裱花袋入模至四分满，将拌好的椰丝揉成球，放置在面糊的中心。
6. 再将面糊注模约八分满，用上火 170℃ / 下火 140℃烘烤 27 分钟左右。

提示：

1. 取配方中 25g 的椰丝和适量的面糊拌匀。
2. 黄油要提前用室温软化。
3. 也可隔水加热融化，天气特别冷就融化一半，天气暖和就融化三分之一。

南瓜马芬蛋糕

材料

鸡蛋 / 4 个　　黄油 / 360g
白砂糖 / 280g　蜂蜜 / 60g
南瓜粉 / 60g　　低筋面粉 / 350g

做法

1. 将软化好的黄油、白砂糖放入容器中，用电动打蛋器以中速搅拌至质地细滑、略微发白。
2. 加入蜂蜜，充分搅拌均匀。
3. 分次加入鸡蛋，搅拌均匀。
4. 加入过筛好的低筋面粉和南瓜粉，充分搅拌均匀。
5. 将面糊用裱花袋挤到杯子里至八分满。放入预热好至上火 180℃ / 下火 150℃的烤箱中烘烤 30 到 35 分钟。

牛奶戚风蛋糕

材料

色拉油 / 48g	牛奶 / 62g
蛋黄 / 4 个	蛋白 / 4 个
绵白糖 / 65g	低筋面粉 96g

做法

1. 将色拉油倒进一个大盆中，加入牛奶拌匀，再加入蛋黄拌匀。
2. 加入过筛好的低筋面粉，充分搅拌均匀，成为面糊，备用。
3. 将蛋白倒入容器中，再加入绵白糖，用电动搅拌器以中快速打至中性发泡，制成蛋白霜。
4. 取三分之一的蛋白霜加入面糊中拌匀，再将拌匀的面糊倒回剩余的蛋白霜中，用刮板充分搅拌均匀，装入裱花袋。
5. 挤入杯子中至八分满，以上火 180℃ / 下火 150℃烘烤 25 分钟左右。

巧克力马芬蛋糕

材料

黄油 / 90g　　　细砂糖 / 70g
蛋黄 / 1 个　　　可可粉 / 20g
牛奶 / 80g　　　低筋面粉 / 80g

做法

1. 将软化好的黄油、细砂糖放入容器中，用电动打蛋器以中速搅拌至质地细滑、略微发白。
2. 加入蛋黄，充分搅拌均匀。
3. 分次加入牛奶，搅拌均匀。
4. 加入过筛好的低筋面粉和可可粉，充分搅拌均匀，成蛋糕面糊。
5. 用裱花袋挤到杯子里至八分满，放入预热至上火 180℃ / 下火 150℃的烤箱中烘烤 30 到 35 分钟。

提示：

黄油要提前用室温软化；也可隔水加热融化，天气特别冷就融化一半，天气暖和就融化三分之一。

巧克力海绵蛋糕 / 原味海绵蛋糕

巧克力蛋糕材料

鸡蛋 / 500g　　绵白糖 / 250g
牛奶 / 60g　　　色拉油 / 60g
朗姆酒 / 20g　　低筋面粉 / 250g
可可粉 / 37g

巧克力蛋糕做法

1. 将鸡蛋、绵白糖倒入一个料理盆中，用手持打蛋器打至发白。
2. 边搅边慢速加入牛奶。
3. 再将色拉油慢慢加入，搅拌均匀。
4. 加入朗姆酒搅拌均匀。
5. 加入过好筛的低筋面粉及可可粉，用打蛋器打至黏稠，然后用橡皮刮刀从底部往上拌匀。
6. 将面糊用裱花袋挤到杯子里至七八分满。
7. 入炉以上火 165℃ / 下火 150℃烘烤约 30 分钟。

原味蛋糕材料与做法

将巧克力蛋糕中的可可粉换成等量的低筋面粉，其余做法一样。

重奶酪蛋糕

材料

奶油奶酪 / 151g   细砂糖 / 35g

柠檬汁 / 6g   鸡蛋 / 53g

巧克力酱 / 22.5g

做法

1. 将奶油奶酪、细砂糖和柠檬汁一起搅拌至软膏状。
2. 分次加入鸡蛋，充分搅拌均匀，成白色面糊。
3. 取 100g 白色面糊，加入巧克力酱拌匀，成黑色面糊。
4. 将两种面糊分别装入裱花袋，将白色面糊挤在杯子底部至四分满，再挤上黑色面糊，共至八分满。
5. 以水浴法上火 180℃ / 下火 150℃烘烤 40 分钟左右即可。

提示：

水浴法为隔水烘烤，烤盘中加水，再放上模具，进入烤箱烘烤。

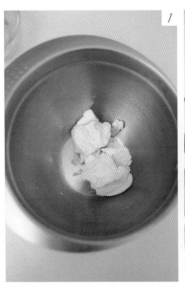

◎ 使用糖粒、香料的装饰
◎ 装饰上新鲜的水果
◎ 巧克力是很好用的装饰物
◎ 专业的裱花水平
◎ 顶部装饰上小雕像和小动物
◎ 品种繁多的装饰道具
◎ 有无穷可能的翻糖装饰

一、
使用糖粒、香料等装饰

　　五彩缤纷的糖粒用来装饰纸杯蛋糕的时候，需要让它们与整体色彩和装饰主题相搭配。这可以从糖的颗粒大小、色彩、形状等各方面来考虑。

　　可以将糖粒不均匀地撒在蛋糕表面，这样看起来更加灵动、创意。

　　不要让食品店的糖粒选择限制了你的创意发挥，除了糖粒以外，各种各样可食用的小零糖果也可以代替糖粒用来装饰，例如巧克力碎、开心果碎、果汁软糖等。

　　还可以用一些香料丰富杯子蛋糕的味道，例如肉桂、姜粉、丁香粉等，能让味道变得更加饱满。

牛奶戚风蛋糕
+淡绿色奶油霜+
透明椰丝，淡淡
的酸，淡淡的甜，
如同初夏一般。

初夏·微酸
+
牛奶戚风蛋糕体

做法

1. 选择中号密锯齿花嘴，将裱花袋装好绿色奶油霜，垂直在蛋糕面中心点上方 1cm 处挤出奶油霜。
2. 裱花嘴围绕着中心处的奶油霜以顺时针方向匀速转动并匀速挤出，边挤边向上提。完成品整体呈锥形，显得圆润、饱满。
3. 撒上椰丝。

相似做法：
冬阳·微甜
+奶油戚风蛋糕体

本款使用的蛋糕体是在牛奶戚风蛋糕的基础上改进的，只需要在蛋糕糊里加上彩糖，稍微搅拌一下就可以了，奶油霜表面也用彩色糖珠装饰，蛋糕整体的色彩一致，很漂亮。

迷彩·甜
+
牛奶戚风蛋糕体

做法

1. 选择中号锯齿裱花嘴，将裱花袋装好原色奶油霜，垂直在蛋糕面中心点上方 1cm 处挤出奶油霜。

2. 裱花嘴围绕着中心处的奶油霜以顺时针方向匀速转动并匀速挤出，边挤边向上提。完成品整体呈锥形，显得圆润、饱满。

3. 撒上彩糖。

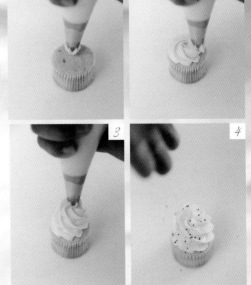

做法

1. 如图选择中号锯齿裱花嘴,装好原色的奶油霜,垂直在蛋糕面中心点上方1cm处挤出奶油霜,而后围绕着中心点以顺时针的方向匀速画圈并匀速挤出。

2. 边挤奶油霜边向上提。

3. 完成的效果呈锥形,整体圆润、饱满。撒上黑色糖针,点缀一点白色奶油霜。

原色的奶油霜,颜色很明亮,搭配紫薯蛋糕与糖粒,口感清爽。

紫薯·香糯
+
紫薯奶油蛋糕体

紫薯蛋糕＋紫薯粉，满是香糯的口感，甜而不腻。

做法

1. 如图选择中号密齿花嘴，装好白色奶油霜，垂直在蛋糕面中心点上方用力挤出奶油霜。
2. 边挤奶油霜边向上提，同时来回左右抖动。在向上提的过程中，要渐渐地减少挤出的力气，直至做出一个锥形。
3. 用细的网筛筛上紫薯粉。

白色、咖啡色和深红色，搭配出让人很有食欲的蛋糕。

櫻桃·脆
+
巧克力海绵蛋糕体

做法

1. 用中号圆花嘴在蛋糕表面挤上一层白色奶油霜。
2. 在中间再挤上一颗扁的圆球。
3. 用弧形的工具在巧克力砖上刨下巧克力碎。
4. 将巧克力碎随意撒上。
5. 取一颗樱桃放置在蛋糕顶端。

选用抹茶蛋糕，
用绿色纸杯衬托，奶
油霜上撒的也是绿色
的糖针，色彩和口感
同样清新。

抹茶·绿
+
抹茶马芬蛋糕体

做法

1. 选择中号圆花嘴，将裱花袋装好白色奶油霜，垂直在蛋糕面中心点上方 1cm 处挤出奶油霜。

2. 裱花嘴围绕着中心处的奶油霜以顺时针方向匀速转动并匀速挤出，边挤边向上提。完成品整体呈锥形，显得圆润、饱满。

3. 撒上绿色糖针。

砂糖·橙
+
牛奶戚风蛋糕体

使用橙色的砂糖撒
在表面装饰，整体色彩
很青春活泼，口感也是
比较活泼的轻甜爽朗。

做法

1. 将蛋糕放在转盘的中间，用小号锯齿花嘴将白色奶油霜在蛋糕的中间挤出一个豆形。
2. 围绕着中心点以逆时针的方向挤出一个个的小豆形，直至将整个蛋糕面占满。
3. 撒上橙色的砂糖。

无论是蛋糕体中的赤糖，还是奶油霜上撒的糖粒，总给味蕾带来颗粒感的惊喜，口味甘甜而清爽，是适合夏天的下午茶小甜点。

糖粒·蓝
+
赤糖戚风蛋糕体

做法

1. 选择小号直花嘴，将裱花袋装满白色奶油霜，花嘴宽的一端点在蛋糕面的中心点，窄的一端在下贴于蛋糕面上，边转动转盘，边挤出一圈。
2. 花嘴宽的一端点在蛋糕面上，窄的一端贴于蛋糕边缘，挤出一瓣花边。
3. 匀速挤出奶油霜、转动转盘，一瓣叠着一瓣挤出花边，就可以做出波浪形的花边。
4. 保持上面的动作，一层一层地向上重叠。
5. 完成效果呈锥形，整体圆润、饱满。
6. 撒上糖针。

二、
装饰上新鲜的
水果

如果你想要寻一些低热量、健康的杯子蛋糕装饰品，那么就试试水果吧！

水果可以通过不同的方式成为点缀，例如将水果切片，或者用整颗小型水果点缀，还可以将水果打碎，用水果酱来点缀。

把水果和奶油霜一起咬下去，口感丰富又饱满！

浓郁的巧克力味加新鲜的草莓，吃起来很爽口很美味。

巧克力绑架草莓
+
巧克力海绵蛋糕体

做法

1. 将整个蛋糕面蘸融化好的黑巧克力。
2. 用镊子夹着草莓的尾端，让一半草莓蘸融化好的巧克力。
3. 待蛋糕表面的黑色巧克力凝固以后，用白色巧克力画上线条。
4. 同法在草莓的下半部画上线条。
5. 将草莓放置在蛋糕上，可以在草莓下面挤一点没有凝固的巧克力，这样就不会掉落下来。

草莓圣诞
＋
巧克力海绵蛋糕体

做法

1. 在杯子蛋糕面上用中号圆花嘴挤上一层白色奶油霜。
2. 草莓去蒂，放置在蛋糕顶部的中心。
3. 用调好色彩的奶油霜细裱在草莓的底部，拔出一根一根的松针。
4. 在第一层松针的上方约1cm处拔出第二层松针，第二层的尾端要盖在第一层的中间。
5. 依此类推，直至拔出一棵完整的松树。
6. 放上五角星和圆形的糖珠。

节日绚彩
+
牛奶戚风蛋糕体

做法

1. 在蛋糕面上用中号圆花嘴挤上一层白色的奶油霜。
2. 撒上五颜六色的糖珠。
3. 用中号锯齿花嘴挤出一个锥形。
4. 在蛋糕尖端放上一粒红樱桃。

素色的蛋糕体和白色的奶油霜底，衬托彩色的糖片和红樱桃，让色彩十分亮丽。

樱桃导演帽
+
牛奶戚风蛋糕体

做法

1. 如图选择中号锯齿花嘴，装好奶油霜，垂直在蛋糕面中心点上方 1cm 处挤出奶油霜，然后围绕中心点以顺时针方向匀速画圈并匀速挤出奶油霜，边挤边向上提。完成的效果呈锥形，整体圆润、饱满。
2. 在顶部挤上巧克力酱。
3. 撒上彩色的糖珠，中间点上一颗红樱桃。

巧克力酱和其他材料的搭配，带来细腻的口感、香甜的味道。

整款蛋糕饱满的暖色调，给人治愈的好心情！点缀一颗樱桃，像是幽默的导演帽。

选用黄色纸杯，和顶部的柠檬片同一色系，非常小清新。

柠檬之夏
+
原味海绵蛋糕体

做法

1. 选择中号密齿花嘴。取一团红色的奶油霜装入裱花袋，再取同样多的白色奶油霜装入同一个裱花袋，轻轻地将它们揉合，但不要完全融合到一起，以形成不均匀的色彩。裱花嘴垂直在蛋糕面中点上方 0.7cm 处挤出奶油霜。

2. 盘旋向上挤出，整体形成锥形。

3. 取厚度约 0.8cm 的三角形柠檬片斜插入顶部，第二片要比第一片低一点；摘一小段薄荷叶插在柠檬片与奶油霜的衔接处。

这款蛋糕使用的蛋糕体是特殊的，由两层组成，再加上顶部的成分，整体口感丰富，酸酸甜甜，非常可口。

蛋糕底分两层，一层是重奶酪，一层是由蓝莓果酱和面糊拌匀、烤制而成。

蓝莓盛典
+
重奶酪蛋糕体

做法

准备：在杯子里注入两层面糊，底层是重奶酪，上层是重奶酪混合蓝莓果酱，送入烤箱烘烤。

1. 如图选择中号密齿花嘴，装好奶油霜，垂直在蛋糕面中心点上方 1cm 处挤出奶油霜。

2. 围绕着中心以顺时针方向匀速画圈并匀速挤出，边挤边向上提。完成的效果呈锥形，整体圆润、饱满。

3. 在顶端点缀一粒蓝莓，再用两条苹果皮斜插在边缘。

奶油的细腻夹带着蜂蜜
的香甜，宛如轻风……戚风
蛋糕肉汁般的甜，这些甜蜜
口味伴着柠檬的清香，给人
美味又清新的感觉！

清新柠檬
+
赤糖戚风蛋糕体

做法

1. 选择小号直花嘴，将裱花袋装满白色奶油霜。将花嘴窄的一端朝前，宽的一端贴于蛋糕面中心点，然后匀速挤出奶油霜，同时手臂向前直推，就可以做出花瓣的形状。转动转盘，完成一圈。

2. 保持这个动作一层一层地向上重叠。

3. 完成的效果呈锥形，整体圆润、饱满。

4. 在顶上嵌半片柠檬，用筷子淋上蜂蜜。

本例操作视频
（无广告）

1-1

1-2

1-3

2

3

4

这款蛋糕模仿的是篝火，红色的草莓是燃烧的火苗，几根黑色的巧克力是木柴，还有正在烤制的食物，很有意思。

篝火
+
巧克力海绵蛋糕体

做法

1. 在杯子蛋糕面上用中号锯齿花嘴挤上一圈白色奶油霜。
2. 草莓对半切开，然后切成一片一片。
3. 将切好的草莓展开，插在一边。
4. 将巧克力段凌乱地摆在草莓旁边。
5. 切取两块小的蛋糕体，用牙签串起，斜插在草莓上方。

蛋糕体香浓的椰子口味加上奶油霜的清新柠檬口味，味道超级赞。

青柠椰丝
+
奶香椰丝蛋糕体

做法

1. 取一颗青柠，使用刨皮刀，将表皮刨成细屑。
2. 取适量的奶油霜和柠檬皮拌匀装入裱花袋，选择中号锯齿花嘴，将裱花袋垂直在蛋糕面中心点上方1cm处挤出奶油霜，然后围绕中心点以顺时针方向匀速画圈并匀速挤出奶油霜，边挤边向上提。完成的效果呈锥形，整体圆润、饱满。
3. 在顶部点缀上柠檬皮。

蛋糕底为牛奶戚风，面糊加入适量糖珠，烤好的蛋糕体有多彩的颜色。顶部装饰上细腻的奶油和清爽的猕猴桃，很有夏天感觉的一款。

猕猴桃夏风
+
牛奶戚风蛋糕体

做法

准备： 制作蛋糕体时，在牛奶戚风面糊加入适量糖珠。

1. 如图选择中号锯齿花嘴，装好奶油霜，垂直在蛋糕面中心点上方 1cm 处挤出奶油霜。

2. 围绕中心点以顺时针方向匀速画圈并匀速挤出奶油霜，边挤边向上提。完成的效果呈锥形，整体圆润、饱满。

3. 在顶上放半片切好的猕猴桃。

青春的樱桃色
+
赤糖戚风蛋糕体

做法

1. 选择中号锯齿花嘴，将裱花袋装好略加红色素的奶油霜，垂直在蛋糕面中心点上方 1cm 处挤出奶油霜。
2. 围绕中心点以顺时针方向匀速画圈并匀速挤出奶油霜，边挤边向上提。完成的效果呈锥形，整体圆润、饱满。
3. 插上几片叶子，放上一粒去枝红樱桃。

纸杯与红樱桃的颜色相近，淡色的奶油再加突出上面的樱桃红和叶绿，给人十足的青春感。

三、
巧克力是很好用的
装饰物

用巧克力装饰，可以创作出多样的造型。可以直接用巧克力片装饰，也可以用巧克力碎、巧克力淋酱来装饰。

用巧克力淋酱装饰，还会在杯子蛋糕表面形成一层薄而坚硬的外壳，有助于保持蛋糕的湿润和蓬松。

巧克力的颜色和味道都是多变的——你可以用天然色素来改变它的颜色，也可以加入草莓香精、牛奶或者其他你喜欢的口味成分。

咖啡+奶油+巧克力，这就是摩卡的味道。

这款产品的蛋糕体可以根据个人的口味来选择，但是底托最好是深色的，这样可以与顶部装饰的颜色搭配。

摩卡风
+
牛奶戚风蛋糕体

做法

1 如图选择中号锯齿花嘴，装好咖啡色的奶油霜，垂直在蛋糕面中心点上方用力地挤出奶油霜。

2 边挤奶油霜边向上提，同时来回左右抖动，在向上提的过程中，要逐渐减少力气，直至做出一个锥形。

3 用细的网筛筛上咖啡粉。

4 在尖端点上水滴巧克力。

提示：

将奶油霜调成咖啡色的方法是将其和巧克力酱混合，可按5：1的比例。

巧克力酱的多少可根据自己想要的颜色深浅和口味来改变。但巧克力酱不能加得太多，那样会导致奶油霜太湿，没有塑性，做不出造型。

1

2-1

2-2

2-3

3

4

粉色巧克力和樱桃
+
赤糖戚风蛋糕体

做法

1. 用加热融化的草莓味巧克力在蛋糕面上挤一条宽约 3cm 的长条。
2. 待巧克力凝固以后用中号密齿花嘴在中间挤上奶油霜。
3. 用镊子夹着蒂，让樱桃中下方的表面蘸融化好的黑色巧克力。
4. 待樱桃上的巧克力凝固，放置在奶油霜的顶端。

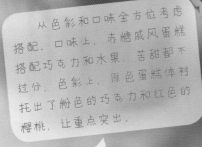

从色彩和口味全方位考虑搭配。口味上，赤糖戚风蛋糕搭配巧克力和水果，苦甜都不过分；色彩上，原色蛋糕体衬托出了粉色的巧克力和红色的樱桃，让重点突出。

蛋糕体选择的是稍做变化的牛奶戚风蛋糕，只需在制作过程的第4步加入2g草莓香精，2滴红色色膏，其他做法一样；奶油霜里也加入适量的色膏调色，巧克力的颜色也是粉色，让整体是一个色系，就会显得很自然。

粉色数字系 + 牛奶戚风蛋糕体

做法

1. 选择中号锯齿花嘴，将裱花袋装好红色奶油霜，垂直在蛋糕面中心点上方1cm处挤出奶油霜。
2. 围绕中心点以顺时针方向匀速画圈并匀速挤出奶油霜，直至将整个蛋糕面覆盖。
3. 用化好的草莓巧克力在一张胶片纸上写出数字。
4. 待巧克力凝固，拿起放置在蛋糕的表面。

这款蛋糕主要是根据口味来设计。底部蛋糕体是巧克力味的，奶油霜是加了巧克力酱（比例奶油霜5：巧克力酱1）调制的，在上面还淋了巧克力酱，整个充满了巧克力的口味。

满满巧克力
+
巧克力马芬蛋糕体

做法

1. 如图选择中号锯齿花嘴，装好咖啡色的奶油霜，垂直在蛋糕面中心点上方1cm处挤出奶油霜。

2. 围绕中心点以顺时针方向匀速画圈并匀速挤出奶油霜，边挤边向上提。完成的效果呈锥形，整体圆润、饱满。

3. 淋上巧克力酱，撒上巧克力豆。

心心相印
＋
原味海绵蛋糕体

这款产品的蛋糕体可以根据个人的口味来更换，但是底托最好是深色的，因为底托如果是浅色的，会让顶部的黑色巧克力片太过突出。

做法

1. 将巧克力隔水融化。

2. 取一张胶片纸铺在大理石桌子上面，将巧克力倒上，用铲刀抹平；待巧克力将要凝固时，用心形模具压下去；待巧克力完全凝固后将模具取下，即获得心形片。（用同法制作出小的白色巧克力心形片。）

3. 如图选择中号圆花嘴，装好原色奶油霜，垂直在蛋糕面中心点上方约0.7cm处挤出奶油霜，边挤边向上提，直到挤出一个圆润饱满的球。

4. 将做好的心形巧克力插片斜插入奶油霜，黑色在左，白色在右。

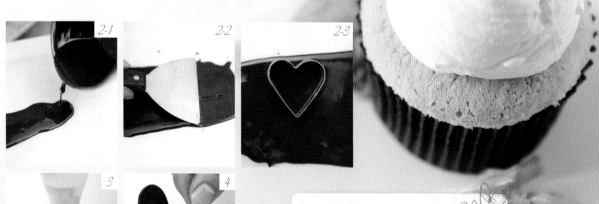

提示：

巧克力的用法灵活，比如把前面两款的手法融合，就可以变成左边这款。

四、
专业的
裱花水平

　　坦白地说，味道是胜过一切外在的。但是，外观和味道能达到完美融合的话，小小的杯子蛋糕就不仅仅是一件普通的甜品，而是凝聚了制作者用心的艺术品。确定好蛋糕的烘焙配方后，就该考虑顶部的奶油霜了。

　　奶油霜的味道很重要，需要与蛋糕相搭配，例如，香草糖霜和巧克力蛋糕就是很完美的一种搭配。

　　然后，选择专业的裱花工具进行裱花。借助各式各样的裱花嘴，挤出不同形状的奶油霜，可以拼出各种造型。

花

　　这款蛋糕上花的颜色是玫红色，虽然是暗色，但是仍然很抢眼，选择暗色蛋糕体和半透明的纸杯来搭配它，显出浓浓的中式风格。

玫瑰
+
巧克力海绵蛋糕体

本例操作视频
（无广告）

做法

1. 选择中号直裱花嘴，将花嘴薄头朝上，紧贴于花托尖部，左手捏花钉轻转，右手挤出奶油霜直绕一圈，作为第 1 瓣。
2. 将花嘴放在第 1 瓣的 1/2 处，由上至下直转挤出第 2 瓣。
3. 将花嘴放在第 2 瓣的 1/2 处，方向交叉地挤出奶油霜绕过前两瓣，为第二层第 1 瓣。用类似手法做出另 2 瓣，组成第二层。
4. 用与第二层类似手法做出第 3 层，也是 3 瓣为一层。每一层高度须略低于上一层。
5. 接近横向地挤出最外层花瓣，大约 5 瓣。
6. 在蛋糕表面挤上奶油霜，然后将玫瑰花放上固定。

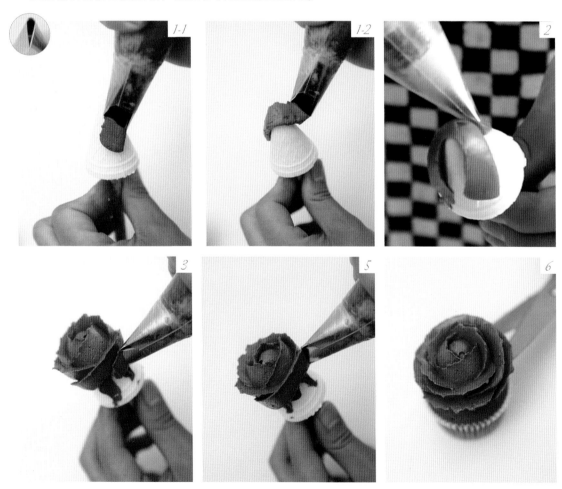

亮丽的大红色菊花，加上玫红色底托也是非常好看的。裱花时应注意花的大小要适当。

红色矢车菊
+
牛奶戚风蛋糕体

做法

1. 选择中号直花嘴，将花嘴薄的一端贴在里面，边挤奶油霜边转动蛋糕，在蛋糕的表面打上两层的底托。

2. 将花嘴薄头朝外，微向上翘起约45°，左手转动蛋糕，右手挤出奶油霜，同时抖动花嘴，挤成有纹路的扇形花瓣，花瓣收尾时，花嘴角度略翘于起步时的角度，以免影响相邻花瓣。依此类推，做出5个花瓣。

3. 做出5片小一点的花瓣，作为第二层。

4. 做最后一层时花嘴抖动幅度要小，避免花瓣大于第二层。

5. 用细裱袋挤出花心。

捧花
＋
牛奶戚风蛋糕体

做法

1. 在蛋糕表面挤上白色奶油霜，用抹刀抹成中间凸起边缘凹下的形状。

2. 在花钉上用中号圆花嘴挤出一个花托；然后使用小号直花嘴，薄头朝上紧贴花托尖部，左手持花钉轻转一圈，右手挤出紫色奶油霜直绕一圈，作为第1瓣。
   将花嘴放在第1瓣的1/2处，由上至下直转挤出第2瓣。
   不断交叉地挤出后面的花瓣。外层的高度须略低于内层。
   将做好的玫瑰花放置在蛋糕的中间。然后围绕着中心的玫瑰花再摆放一圈。

紫色的花比较素，所以选用的蛋糕底的颜色也得淡，这样才能让整体体现出素雅的气质，适合比较雅致的

本例操作视频
（无广告）

85

因为这款蛋糕表面的装饰花颜色很深，所以选用白色的底托，这样会让其突出。再加上紫色本就是高贵的颜色，在上面点缀可食用金箔，让蛋糕整体的感觉又显得更加高贵，并能将人的眼球迅速地吸引过去。

曲奇花
+
牛奶戚风蛋糕体

做法

1. 在蛋糕表面抹上奶油霜，中间高边缘低，然后蘸砂糖。
2. 使用小号锯齿花嘴，用紫色的奶油霜在蛋糕表面转一圈，挤成曲奇一样的花朵。
3. 在表面撒上可食用金箔纸。

1-1

1-2

1-3

2

3

小花的做法

1. 将油纸贴在花钉上面，下面可以沾一点奶油霜来固定。然后用小号直花嘴在中间边挤边绕出一个圈，当作花心。
2. 从花心左侧开始，以弧形手法向右侧拉出奶油霜，作为第 1 瓣。
3. 与第 1 瓣起点错开，向右侧拉出第 2 瓣。
4. 以同样的手法做出 7 到 8 瓣。

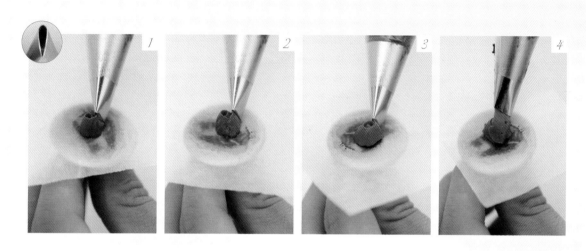

芦荟

做法

1. 在蛋糕表面不均匀地抹上一层奶油霜。
2. 用裱花袋在中间挤一个高约 1.5cm 的圆锥。
3. 用菊花嘴在底部拔出一片一片花瓣，第一层的角度要与蛋糕表面平行。
4. 在两瓣中间的位置拔出第二层花瓣，角度比上一层略朝上。
5. 以同样的手法拔出第三层、第四层、第五层。

石莲

本例操作视频
（无广告）

做法

1. 取一个中号的花钉和一片油纸，把花钉中间沾一点奶油霜，将油纸贴上去。使用小号直花嘴，在中间画上一个圈，用于以后做花瓣时定位。

2. 花嘴薄头朝外并微翘起，左手转动花钉，右手挤出奶油霜，并让花嘴先向外走再退回，形成一片带尖的叶瓣，叶瓣收尾时须略翘起，以免影响下一瓣。做出 5 ～ 6 瓣为一层，共做三层。

3. 做好后放进冰箱稍冷冻，等冻硬之后用剪刀挑到蛋糕上。

睡莲

1. 将睡莲花嘴贴于花钉中间，由下往上、并向内收拢拔出三片叶，作为心部。

2. 将花嘴 90° 垂直立起，交错地垂直拔出第二层，第二层要与心部高度相同。然后花嘴略向外倾斜 20°，交错直拔出第三层。

3. 花嘴倾斜 40°，交错直拔出第四层；花嘴倾斜 60°，交错直拔出第五层。

4. 整体造型要圆润，每层瓣长短统一，后一层略低于前一层，但后一层瓣都比前一层略长，层次分明。最后放进冰箱冻硬，再用剪刀挑到蛋糕上。

白色沙滩
+
南瓜马芬蛋糕体

做法

1. 如图选择中号圆花嘴，装好白色的奶油霜，垂直在蛋糕面中心点上方约 1cm 处挤出一个小圆球。然后绕着中心将蛋糕面全部挤满小圆球。
2. 撒满椰丝。

南瓜马芬蛋糕用半透明的底托，还原蛋糕的色彩，搭配白色奶油霜，显得十分纯净。上面撒上椰丝，吃起来充满了椰丝的香味和南瓜蛋糕的香味。

夹色蛋糕体和夹
色奶油糖，很有特色
的一款，双重选择，
双重爱好。

黑白旋风
+
双色海绵蛋糕体

做法

准备：用原味海绵蛋糕面糊和巧克力海绵蛋糕面糊分别注入纸杯，烘烤成型。

1. 将黑白两色奶油霜夹色装进裱花袋（夹色装法见下一页的步骤1），使用中号锯齿花嘴，垂直在蛋糕面中心点上方约1cm处挤出奶油霜。

2. 围绕中心以顺时针方向匀速画圈并匀速挤出，边挤边向上提，完成的效果呈锥形。

相似做法：
纯净的绿 + 抹茶马芬蛋糕体

本例操作视频
（无广告）

牛奶戚风蛋糕，白色的纸托，衬托上面纯净的色彩。

多彩的世界
＋
牛奶戚风蛋糕体

做法

1. 制作夹色奶油霜：准备多种色彩的奶油霜，并分别装一个裱花袋；取一个新裱花袋，装好裱花嘴，然后将各色奶油霜一条一条地贴着裱花袋内壁挤入，每色不能将裱花袋的一层占满，只能挤到一侧，与其他色平行；最后挤出新裱花袋里的空气，即可用于操作。

2. 选择中号锯齿花嘴，垂直在蛋糕面中心点上方约 1cm 处挤出奶油霜。

3. 以逆时针方向匀速画圈并匀速挤出，直至将整个蛋糕面覆盖。

女巫帽
+
巧克力马芬蛋糕体

做法

1. 将冷却好的杯子蛋糕撕开，取出蛋糕体，用刀分成四层。
2. 在每一层蛋糕顶部外圈用细裱花嘴挤上奶油霜，盖上一层蛋糕，然后用抹刀将侧面抹平。
3. 在最顶层绕圈用中号锯齿花嘴挤上奶油霜呈锥形。
4. 取 25g 翻糖膏放在手心揉成水滴形；而后用大拇指和食指按压底部，捏出帽檐，并用食指将捏出来的痕迹压平；再将帽子尖端按压出弧度，形成一个女巫帽。
5. 在奶油霜顶部放上女巫帽。

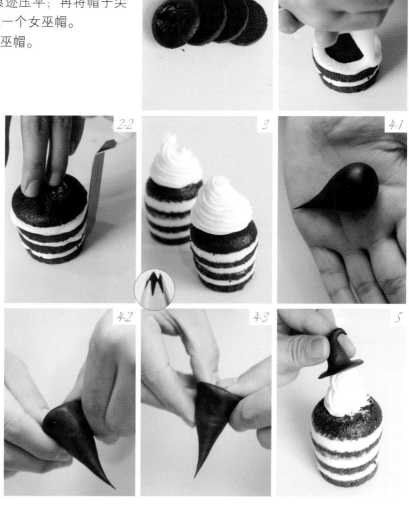

五、
顶部装饰上
小雕像和小动物

杯子蛋糕顶部装饰上一些微型的小雕像，可以瞬间吸引孩子们的注意，无限取悦这群特别的甜品爱好者。

这款蛋糕底是淡黄色，感觉柔和，再加上雪人的笑脸，就没有了冬天的寒意，而是充满融融的乐趣。

雪人
+
牛奶戚风蛋糕体

粉色雪人做法

1. 先做帽子：用橙色细裱袋在花钉上打一层薄薄的底，然后在中间点上一颗圆球，用小抹刀将其抹成帽子的形状，放进冰箱冷冻备用。
2. 准备一个装满白色奶油霜的裱花袋，使用中号圆花嘴，垂直在蛋糕面中心点上方约1cm处挤出奶油霜，而后围绕中心匀速画圈并匀速挤出奶油霜，边挤边向上提。
3. 在顶上挤出一个圆形的头部。
4. 用开口稍大的橙色的裱花袋绕出围巾。
5. 用粉色细裱袋在前面点上扣子、胳膊、手掌、腮红和鼻子，用大红色细裱袋画出嘴巴，用黑色细裱袋点上眼睛。
6. 取出冰箱里的小帽子，用剪刀挑到脑袋顶部即可。

蓝色雪人做法

皇室
＋
原味海绵蛋糕体

106

艾素糖 / 200g   金粉 / 适量

装饰糖体做法—制作结晶糖

1. 将艾素糖放入熬糖锅内，加入一点水，稍微搅拌，以中火加热熬制。
2. 在糖还没完全熬化开时，使用木铲或勺子不停翻拌。
3. 待糖大部分熬化时，继续加入糖，加大火力自然熬煮。
4. 使用温度计测糖体的温度，至 170 ～ 175℃之间关火。
5. 将糖液倒在不沾垫上冷却，而后装入密封袋，放入干燥剂密封，待使用。

 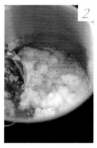 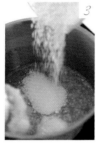 

提示：
第 1 步在糖锅中加入少量的水，目的是使最底层的那部分糖不会熬糊。

装饰糖体做法—倒模

1. 将结晶糖放进纸杯中，用微波炉以中火加热 2 分钟至糖融化，倒进金粉，用木质筷子搅拌均匀。
2. 再将杯子放进微波炉中加热 30 秒，取出后将纸杯捏出一个角，将糖液倒进模具。
3. 用细的刀片快速地将溢出的糖液刮到凹坑中，待凉。

提示：
在倒模的时候，糖液的温度要稍微高一些，这样流动性就会好一点，操作方便。

整体做法

1. 在蛋糕体表面用中号锯齿花嘴挤出奶油霜，从中间开始向外螺旋展开，形成圆面。
2. 在装饰糖体的后面挤上少量奶油霜起支撑固定作用，再将其放到蛋糕面上即可。

这款蛋糕选用的是黄色的底托，黄色和白色搭配不会扎眼，和小蜜蜂身体的颜色也相近。

蜂与蜜
+
牛奶戚风蛋糕体

做法

1. 准备一个装满白色奶油霜的裱花袋，使用中号圆花嘴，垂直在蛋糕面中心点上方约 1cm 处挤出奶油霜，而后围绕中心匀速画圈并匀速挤出奶油霜，边挤边向上提，形成锥形。

2. 用黄色的细裱袋挤出蜜蜂的身体，长度约 1cm，要饱满。

3. 用黑色的细裱袋挤出蜜蜂的头部，再在身体上画出纹路。

4. 用大小相同的杏仁片斜插入身体作为翅膀。

5. 用其他颜色的细裱袋挤上小点，作为小花。

萌萌哒熊掌
+
牛奶戚风蛋糕体

做法

1. 在蛋糕的表面挤上奶油霜，用抹刀将顶部抹平。
2. 让蛋糕表面全部沾满椰丝。
3. 在蛋糕的下端抹掉椰丝，贴上一片奥利奥饼干。
4. 在上侧均匀地抹掉4个点的椰丝，挤上适量的奶油霜，嵌上4粒麦丽素巧克力糖。

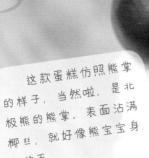

这款蛋糕仿照熊掌的样子，当然啦，是北极熊的熊掌。表面沾满椰丝，就好像熊宝宝身上的毛。

母鸡和蛋

+
牛奶戚风蛋糕体

蛋糕底选择白色或黑色的底托都可以，白色的底托可以和白色的母鸡身体颜色对应，选择黑色的话也不会突兀，因为羽毛和尾羽是黑色的。

母鸡的做法

1. 用灰色的细裱袋在蛋糕表面均匀地吐丝。
2. 用中号圆花嘴在中间挤上一个白色圆球，然后把花嘴斜插进后面，边挤边往后带，带出肚子圆球。
3. 将花嘴垂直插进第一个圆球中，向上带出脖颈；然后在脖颈后方挤出一个小的圆球并继续挤出和往后带，作为翅膀；另一边翅膀以同样的手法呈现。
4. 用黑色的细裱袋挤出尾部羽毛和翅膀羽毛，尾部羽毛中间长两边短，翅膀羽毛前面短后面长。
5. 用小号圆花嘴在脖颈上边点上一个小的圆球作为脑袋，然后在顶部用红色细裱袋点出鸡冠，在下端做出一长一短的鸡垂。
6. 用橙色细裱袋在中间点上一根细长的鼻子，用黑色细裱袋在两边点上眼睛。

蛋的做法

用翻糖揉成大小不一样的圆球，放在鸡窝里。

瓢虫的夏天
+
牛奶戚风蛋糕体

做法

1. 取一小团翻糖揉圆，然后用切刀在中间压出一道凹痕，备用。
2. 用橙色的细裱袋在蛋糕表面均匀地吐丝。
3. 将裱花袋口用剪刀剪出很小的叶形花嘴状（之所以不直接用小号叶形花嘴，是因为这里要做的叶子很小，即使是小号叶形花嘴也太大了），在蛋糕半边挤上绿色的叶子，然后将事先准备好的翻糖放上去。
4. 用黑色细裱袋在翻糖的一端挤上小圆球作为头部，然后在头上挤上两根触角。
5. 在瓢虫背上用黑色细裱袋点上黑点。
6. 在叶子的下端用细裱吐丝，修饰边缘。

六、
品种繁多的
装饰道具

如果你没有特殊的制作技巧，可以选择用各种各样的"道具"帮你制作出抢眼的效果。例如，你可以在杯子蛋糕上装饰文字或者图案，或是用模具制作出蝴蝶结、雪花、花瓣等。

这款蛋糕与 P.117 蛋糕的造型相似，不同处主要在装饰品。此外，配色上也不同。这款的奶油霜颜色更深，所以选择了深色底托来搭配，浅色蛋糕体来反衬。

雪花
+
巧克力海绵蛋糕体

奶油霜雪花的做法

1. 用细裱袋将白色的奶油霜在油纸上挤出雪花的形状，然后送入冰箱冷冻。
2. 将冻硬的雪花摆放在蛋糕的顶部。

翻糖雪花的做法

1. 将翻糖皮擀成约 0.2cm 的厚度。
2. 将雪花模具压下去。
3. 提起模具推出，一个雪花就做好了。可以根据蛋糕的大小来选择雪花压模的大小。
4. 把它斜插在蛋糕中。

这款蛋糕的视觉重点就是顶上装饰的奥利奥饼干，为了让其突出，所以奶油霜选择了白色，底托也选择了淡色。

奥利奥
＋
牛奶戚风蛋糕体

做法

1. 在蛋糕面上用中号圆花嘴挤上一层白色奶油霜。
2. 在中间再挤上一颗扁圆形的圆球。
3. 最后挤上一颗小的圆球。
4. 在表面用网筛撒上少量的可可粉。
5. 取一半奥利奥饼干斜放在顶端。

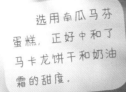

选用南瓜马芬蛋糕，正好中和了马卡龙饼干和奶油霜的甜度。

马卡龙
+
南瓜马芬蛋糕体

做法

1. 选择中号锯齿花嘴，装好淡蓝色奶油霜，垂直在蛋糕面中心点上方约 1cm 处挤出，然后围绕中心匀速画圈并挤出，边挤边向上提，完成锥形。

2. 在上面放上一块马卡龙，再撒上马卡龙碎。

1-1　1-2　2-1　2-2

七、
有无穷可能的
翻糖装饰

翻糖是一种工艺性极强的装饰方式。

可以借助各种各样的切模、压模等，将翻糖膏制作成不同花样的小物件，可平面、可立体、可清新、可奇幻。

翻糖杯子蛋糕的基底可根据各人的喜好来选择，海绵蛋糕、戚风蛋糕、磅蛋糕等都是不错的选择，我们还可以加入可可粉、巧克力豆、干果等来增加口味。

玫瑰花

1. 搓一根两头细中间粗的长条，擀薄，再将一端卷起，作为花心。
2. 擀一块浅紫色的糖皮，使用切模压出大号与小号的花瓣，将花瓣放在海绵垫上，用球刀压制边缘使之呈现波浪状。
3. 将压好的小号花瓣底部蘸水，粘在花心上，三瓣为一圈；再将大号花瓣粘上，并弯曲出褶皱，也是三瓣为一圈。
4. 将橙色糖膏擀成薄片，压出五瓣花，将花瓣折叠在一起，底部搓出一个尖；同法做五个，最后拼粘在一起。
5. 用白色糖皮压出五瓣花，放在海绵垫上用球刀压成立体状，晾干。给蛋糕整个表面包上糖皮，借助蛋白膏拼粘花朵；在五瓣花内挤上中性的黄色蛋白膏。

119

梅花

做法

1. 调制粉色糖膏，将其擀薄，用五瓣花压模压出花瓣，再将花瓣放在海绵垫上，用球刀从外往内压收，使花瓣翘起。晾干待用。

2. 擀一块厚薄均匀的白色糖皮，用圈模压出圆形，在其底部刷上一层食用胶水，贴在蛋糕上；搓制由粗到细的咖啡色长条作为枝干，粘在白色糖皮表面；再将晾干后的花瓣通过蛋白膏粘在枝干上。

3. 用蛋白膏在花瓣中间处挤上三个小点，作为花蕊。

蝴蝶结

做法

1. 用翻糖分别搓一根白色与粉色的长条，再分别剪三等份，而后间隔并排在一起，擀平，尽量让纹路均匀。

2. 切一段长条，在一端刷上食用胶水，对折粘在一起；将对折的一端呈 N 字形捏皱。同法共做一对，可以拼成蝴蝶结。

3. 制作一片淡蓝色圆形糖皮，通过食用胶水粘在蛋糕面上。用彩带糖皮裁出两个梯形，将宽的一端裁出 V 字形，作为丝带，粘在蛋糕面上，再将蝴蝶结粘上。

4. 制作白色蝴蝶（做法见前一例），粘在蝴蝶结上。

黑色蝴蝶

做法

1. 取一块黑色翻糖膏，用擀面杖擀平，约 1mm 厚。
2. 用蝴蝶压模压出形状和纹路，去除毛边。
3. 放在锡纸上定形，并晾干。
4. 在蛋糕顶部挤出锥形的白色奶油霜，放上翻糖蝴蝶，呈三角构图。

小熊做法

1. 调制浅蓝色的糖膏，擀至厚薄度均匀，用圈模压出糖皮；将糖皮底部刷上一层食用胶水，然后包裹在蛋糕胚上。
2. 搓一个浅棕色的球，稍微压扁作为熊的头部。搓一个白色的球，将其捏扁，贴在口鼻部位，在其中间压出一道人中线，底部压出凹坑作为嘴巴。再搓两个黑点作为眼睛，粘在两侧。
3. 搓两个大小相等的水滴状糖膏，用豆形棒压成耳朵；在小熊头部压出凹槽，将耳朵粘上。最后搓一个灰色的圆点，作为鼻子粘上。
4. 将造型底部刷上一层食用胶水，粘在杯子上。

蘑菇做法

1. 调制橙色的糖皮，将其擀薄，用圈模压出圆形，再使用刻刀将糖皮切掉 1/3（切线呈波浪状）。
2. 调制肉色的糖膏，搓成两头细中间粗的长条状，粘在切痕上方并压扁。
3. 使用刀片反面压出纹路。
4. 搓一根粗细不均匀的圆条，粘在蘑菇底部，并稍微压扁，作为蘑菇柄。
5. 在蘑菇柄上纵向、不规则地压划出纹路。调制中性蛋白膏，随意地挤在蘑菇伞表面。